日系时尚
编发造型 365
akiico
hair
diary

[日]田中亚希子 著 陈怡萍 译

山东人民出版社·济南

序 言

　　小时候，妈妈会给我编辫子。从那时起，我就爱上了时尚好看的发型。头发上只要稍做一点点变化，给人的感觉就会不同，就能展现出不一样的自己。打造发型的乐趣令我沉迷。以前的我笨手笨脚的，常常弄不好，甚至会搞砸。但我从没放弃过，一直坚持下来。慢慢地，我开始转变思路，反过来想："自然不做作的发型才更适合我。"后来我长大成人，结婚生子，每天都很忙，于是想法基本上就变成："弄些三下五除二就能迅速搞定的发型。"我把我设计的编发造型发到 Instagram（照片墙）和个人博客之后，受到许多人的好评，比如有人评论说："这个发型看着似乎没花多大功夫，但感觉好时髦呀。"于是机缘巧合，我有幸获得了这次出版成书的机会。正因为我不是专业美发师，所以我想传达的，就是在每天的生活中，即便是和我一样不怎么手巧的人也能简单学会的，"穿着朴素，也能靠发型保持时尚感的秘诀"。

田中亚希子

目 录

Part

1

今天的
心情如何？

**什么样的心情，
什么样的发型！**

同样的白色 T 恤衫 + 牛仔裤的简单衣着，
只需改换一下发型，
给人的印象也会立刻改变。
酷酷的、休闲的、温柔的……
今天的我，想变成什么样呢？
我会配合自己的心情，享受其中。

休闲的
How to　P.010

酷酷的
How to　P.008

JEWELRY

经典的
How to P.012

温柔的
How to P.014

流行的
How to P.016

今天的心情如何？

Cool
酷酷的

想变酷帅的心情

注意直线感，增加酷劲！
质感湿润的马尾辫

通常马尾辫我会绑松一些，自然一点。
当我想要打造得更帅气时，要点在于
制造出湿润的质感，这样就会给人感
觉酷酷的，还有点小性感。加上其他
时尚配件，比如硬朗的鞋子和墨镜，
更是加分。

How to

1

使用能做出湿润感的定型剂，抹在头发上。刘海部分用手指从发根抓抹至发梢，打造略微湿润的发束感。

2

用手把头发自然拢起。收拢起来的头发用力往前推，增加头顶发量，从而不显得扁塌，展现熟练感。

3

用皮筋扎好束拢的马尾。马尾高度位于下巴和鬓角相连的延长线上。这样的高度平衡感更佳，显得头型更好看。

绕啊绕

4

从马尾下方抓起一缕头发，在马尾扎结处绕圈。这一步是为了隐藏皮筋，给人感觉很熟练！

5

绕上去的发梢用一字发夹固定，在马尾根部用力插紧。最后随意地抓一抓马尾，使之蓬松，完成。

Side

Back

今天的心情如何？

同样的白色T恤衫+牛仔裤，
通过发型改变形象 2

Casual
休闲的

悠闲的心情
松松圆圆
悠闲丸子头

穿上运动鞋、背上双肩包，穿着上营造休闲感的同时，也要有意识地在头发上做文章。丸子发髻也好，刘海也好，都做成松松圆圆的。不想太男孩子气的话，配上一副圆框眼镜提升可爱度吧……♡

Side　　Back

咕咕咕

1
耳朵下面的头发，发梢朝外烫卷。耳朵上面的头发内卷、外卷交替烫卷，制造灵动感。

2
头发上喷发蜡，用手抓揉帮助吸收，打好基础。用手迅速束拢头发至较高位置。

3
将束拢的发束自然拢圆，用皮筋扎起来。再把发束弄成圆形，一边慢慢调整出丸子头形状，一边扎好。

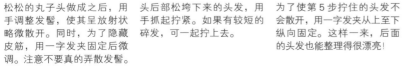

4
松松的丸子头做成之后，用手调整发髻，使其呈放射状略微散开。同时，为了隐藏皮筋，用一字发夹固定后微调。注意不要真的弄散发髻。

5
头后部松垮下来的头发，用手抓起拧紧。如果有较短的碎发，可一起拧上去。

6
为了使第5步拧住的头发不会散开，用一字发夹从上到下纵向固定。这样一来，后面的头发也能整理得很漂亮！

7
刘海朝右侧内卷拧紧。要呈现松松圆圆的感觉，诀窍在于不要从发根开始拧，而是从中间部分拧起。

8
提起拧紧的发梢，用一字发夹固定。从后向前沿着发流插入发夹，巧妙地将发夹隐藏于头发中。

今天的心情如何？

Classical

经典的

古典的气质
重点在于线条流畅的刘海

波波头发型

在想变优雅的日子里，可以选择稍显
成熟味道的斜刘海，配上操作简单的
"随意风波波头"。这款发型不用剪
短头发，也能立马改变形象。包包、
鞋子也选择淑女风格的。

How to

1

低下头，用手把头顶的头发向前拉。为了更容易固定造型，手掌里放点发蜡，薄薄地抹在头发上。

沙沙沙

2

头顶的头发盖在了原来的刘海上，就像刘海长长了一样。至此，稍显成熟味道的斜刘海的基础打好了。

3

用手抓住垂在脸部前方头发的发梢部分，沿着外眼角的方向捋拨。过程中如果头发不听话掉下来，用定型喷雾定住。

4

用手将剩余头发收拢到脑后，扎一个结。诀窍是不要扎到发根，而是在接近发梢位置，扎得松一些。

5

将扎起来的发束向内侧旋转，圆整。即使有散发落下也不用在意，之后可以再调整。

6

圆整后的发束，用一字发夹在后脑发根处固定。如有散发落下，可一同固定于内侧。调整下形状，完成。

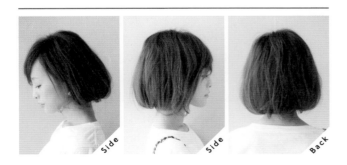

Side　Side　Back

今天的心情如何？

Feminine
温柔的

温柔女人味

充分利用曲线变性感
成熟系半扎发

松散的半扎发颇显温柔女人味，乃时下流行的发型。只要做两个重叠的翻卷辫就行。虽然简单但能展现出高品位，这可是关键哦。搭配红色大气的腰带、皮包、浅口皮鞋，更添女性气息……♪

Side
Back

1

从刘海向头顶方向，用手指将头发呈 Z 字形分开。这样可以使头发蓬松，容易立起来，呈现华丽感。

2

将刘海的右半部分向头顶轻轻地拧上去，用一字发夹固定。左半部分也是一样。发夹从后向前，纵向插入。

3

鬓角以上的头发，用手指向后梳理，松松地绑成一个小马尾辫，然后将顶部头发轻拽调整，保持整体不会散开。

015

4

将第 3 步绑好的小马尾辫在发结上方分成两束，形成一个孔洞。将马尾辫向上翻卷，从上往下穿过孔洞之后，再将发梢分成两部分，向左右两边拉一下。

5

耳朵边上的头发也向后绑好。akiico 的编发特点，就在于使两边稍稍垂下，刚好遮住耳朵。按照第 4 步的方法，再做个翻卷辫。

6

将翻卷辫的发梢左右分开，向两边轻拽，使皮筋位置升高，翻卷辫扭转上去的部分就会蓬松起来。

7

觉得皮筋露在外面不好看的话，这里有个隐藏皮筋必杀技：将皮筋附近的头发抽出少许，盖在发结上。

8

第 7 步中的翻卷辫用发卡固定好，同时别让发卡显露出来。掌握了这个技巧，真的很方便。最后完成的发型也会有所不同。

同样的白色T恤衫+牛仔裤，
通过发型改变形象 **5**

Pop

流行的

俏皮的心情
增添色彩
方巾编发法

用花纹色彩明快的方巾作为道具，大
大提升时尚感。后脑勺部分蓬松圆圆
的，从侧面看也会给人留下深刻印象。
穿着上，以双排扣风衣搭配浅口皮鞋，
营造娇俏感。

How to

蓬松
蓬松

I	2	3	4	5

用叠好的方巾缠在头上并打结。注意不要在头部正中间打结，而是稍微往右侧偏一些，刻意造成不对称感。

将后脑的头发绑起来，在离发梢近一点的地方松扎一下。这样是为了在接下来的步骤中呈现更蓬松的效果。

将绑好的头发塞进方巾中。之后将头顶和后脑的头发一点点拉出来，调整形状，增加视觉上的发量，打造蓬松感。

将刘海中间的头发用卷发棒向内卷，卷好后，轻轻地将刘海左右分开。

从鬓角、耳后、脖颈发际线附近抽一些头发出来，做出自然垂下的蓬松散发的效果。

017

Side

Back

akiico 编发特点

方巾的
叠法

将折成三角形的方巾顶端和底边，正对着中心线分别折叠后，再对折。先轻轻拧卷一次，这样之后再卷的时候不会出现滑动。拧卷第二次不要拧太紧，调整出合适宽度就行。

方巾 /HERMES

 >>

Part /

2

akiico
的编发造型

31 个
基本技巧

从时尚编发造型的基础打造，到可以称之为"akiico 标签"的丸子头，以及现已成为经典的翻卷辫等，这里收罗了满满的基础技巧，立马就能派上用场。请大家从自己喜欢的发型学起，活用于每一天的打扮中吧。

LET'S START!

1

编发前的准备
P.020

2

刘海造型
P.022

3

丸子头
P.026

单辫
P.030

扭发
P.042

编发技巧
P.038

ARRANGE

翻卷辫
P.034

发饰
P.044

1

编发前的准备
卷发棒的用法

为了实现眼下流行的蓬松感造型，可以在开始前用卷发棒先处理一下头发。特别是头发非常直的人，这是必备步骤。

Before

Side　　　Back

Front

使用不伤害头发的卷发棒

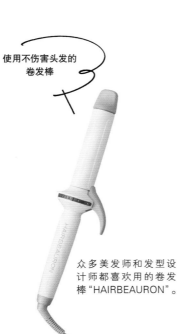

众多美发师和发型设计师都喜欢用的卷发棒"HAIRBEAURON"。

Let's start!

How to

1

2

耳朵以上的头发用鸭嘴夹或皮筋固定。水平地手持卷发棒，先将下段的两边向外卷烫。

接着将后脑的头发分两次向外卷烫。由于后面很难看到，请注意别烫伤。担心的话，在脖子上垫一块毛巾。

Point

卷烫后脑头发的技巧

>>

卷烫后脑头发的时候，用大拇指控制卷发棒的手柄，夹紧头发。

夹紧头发后，松开大拇指。一边旋转卷发棒，一边在头发上滑动并卷烫至发梢。

3

下段头发全部卷烫完毕，松开之前固定住的上段部分。同样处理上段，两边和后面的头发向外卷烫，使发梢卷曲。

4

上段部分脸部周围的头发，向内卷烫 2 圈。与发梢的外卷不同，这里要将卷发棒竖起来，纵向夹住头发。

5

用手将向内卷好的发束捏松，使卷曲部分有空气感。两边的头发也是一样，向内卷好后，把卷曲的部分揉散。

Point

用手或梳子抓蓬的话，发卷更自然！

NG　　　OK

用卷发棒卷过头发后，如果就那样放着不管，发卷会过于服贴，卷是卷了，但不够自然。

用手或梳子立即抓蓬的话，自然呈现出空气感和蓬松感，头发更显柔美轻盈！

Point

**脸部周围的头发
要分细一些**

脸部周围的头发做内卷时，抓取的发量要少。这样头发更显灵动感。

6

刘海处的发梢也用卷发棒夹紧，轻轻向内卷一下马上松开。不要卷得太彻底，只要做出一点发梢卷曲的效果即可。

7

用手指将头发整体抓散，赋予空气感。用发蜡或发蜡喷雾充分揉搓，这样就完成了造型前的基础工作。

Finish

After

2 刘海造型

5款变化

Basic **02**

Basic **01**

刘海造型 2
偏分

按照 7:3 ~ 8:2 的比例分配发量，这是刘海倾斜下垂的一种造型。直线型下垂的话，显得比较干练；卷曲型下垂则会感觉更温柔、有女人味。

NG

刘海散乱如同条形码，千万不要这样。刘海过短或者过薄的人，可以用头顶的长发补足发量，使刘海厚薄程度大体一致，也使刘海的线条更柔和。

刘海造型 1
中分

只需改变刘海的分缝位置，印象就会大变样。中分通常给人一种成熟、知性的感觉。

NG OK

Let's arrange!

从头顶就开始分清楚刘海位置的话，分缝会很明显，会使发量看上去很少。而用手指拨弄刘海先垂落下来，然后抓着发梢分缝，就能分出蓬松自然的中分刘海。

1

将刘海分成三层。先将离额头最近的内侧头发，用卷发棒向右轻轻地卷烫发梢。

2

接下来将中间一层的头发，按照和第1步相反的方向，用卷发棒向左轻轻地卷烫发梢。

3

最上面的一层头发，再次向右卷烫。三层头发互为相反方向，可以给刘海留出恰到好处的间隙。

I love
simple style.

刘海造型 **3**

空气刘海

这种可以透过头发看到额头的刘海，给人清新、可爱的印象，也能为面部表情增添明快、柔和感。

Basic

03

2 / 刘海造型

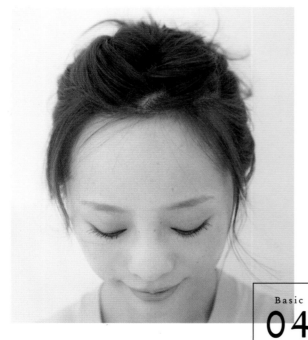

Basic

04

刘海造型 4

扭转式

将刘海部分的头发扭转后上提，让额头
完全露出来，打造活泼形象。就算你正
在留刘海，这也是很有用的一种造型。

How to

1

刘海在中心位置沿 Z 字形分开。接
着将两边的刘海分别向头顶方向扭
转上提，一侧的头发先稍作固定。
两侧分别扭转后固定也可以。

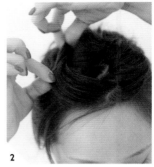

2

提起扭转的部分作调整，使刘海
显得更蓬松。发梢部用另一只
手牢牢地压住。

3

将一字发夹从后向前插入，尽量
使发夹隐藏起来。同样处理另一
边的刘海，上提并制造出蓬松感
后固定。

My favorite
hairdo.

How to

1

用手从头顶向前梳理头发来分刘海，使之朝脸颊方向垂下。然后将头发轻轻地向侧边转个弯，发梢部分用手收拢。

2

让刘海看上去像个圆弧一样，将发梢上提并向内扭转几次。如果刘海上提太多，用另一只手的手指将刘海部分的头发抽出来一些作调整。

3

用一字发夹固定发梢，从下向上插入头发，支撑住刘海。如果不想露出发夹，可以从后向前插入。

Very easy style!

下垂扭转式

将刘海挽成圆形固定好，营造出一点复古风，展现女性气质。和之前刘海上提的扭转式相比，这个造型给人的感觉完全不同。

Basic

05

3 / 丸子头

4款变化

丸子头 **1**

蓬松丸子头

处于头部稍高位置的丸子头,蓬松又自然。akiico 编发造型中的经典款。熟练以后不用看镜子也可以完成,超简单。

Basic
06

How to

1

额头发际线和鬓角上的碎发留出来。其余刘海部分收拢到一起,用手指梳理上提,集中在头顶位置。

2

像把整理好的头发折起来一样往前翻。这时候,如图所示,把皮筋套在手上做好准备。

3

将第2步的发束团成圆形,用手里准备好的皮筋绑好,呈现出丸子状。

4

绑好后,调整丸子发髻的形状直至达到蓬松的状态。掉落出来的发梢向内拉回,在丸子发髻的底部附近用一字发夹固定,这样就完成了。

How to

1

先将刘海和头顶的头发合起来，
编三下。然后编三股辫，在发梢
处绑好皮筋。

2

用手指将全部头发集中到高点位
置。连同第1步的三股辫，用皮
筋绑好，绑成马尾辫。

3

将马尾辫的一部分拿出来，编
一个细些的三股辫。一直编到发梢，
用皮筋绑好。

4

将第3步的马尾辫一边扭转一边
形成一个丸子发髻。三股辫在马
尾辫的底部绕圈，用发卡固定。

丸子头 **2**

三股辫丸子头

将编好的刘海和丸子发髻合为一体，发髻
底部再绕上三股辫。一款不用担心会散架，
牢固又可爱的造型。

My typical
arrangement.

Basic

07

3 / 丸子头

Basic
08

I love
this style!

丸子头 **3**
紧凑丸子头
头顶高处紧凑迷你的丸子头，给人
一种芭蕾舞演员的清纯感，还有那
么一点点潮流感。

How to

1

紧凑丸子头不用手梳头，而是用
梳子顺着发流利落地把头发束起
来。将发束收拢在头顶位置，刘
海部分留出薄薄一层即可。

2

束在一起的头发从底部紧紧地扭
转。一边扭转一边弄圆，做出紧
凑的丸子发髻。

3

发梢部分紧紧地缠绕在底部。一
边拉着发梢，一边用另一只手把
丸子发髻立起来。

4

为了不使丸子发髻散开，用皮筋
牢牢扎好。此外，发梢部分也用
皮筋固定好，尽量不要掉出来，
保持丸子发髻的紧凑形状。

How to

1

避开刘海和脸部周围的头发，将剩余头发在较高位置收拢到一起。束好的头发对折，绑上皮筋，在头发中间留一个孔洞。

2

第1步中孔洞部位的头发分成两半，翻向左右两边。这是后面会成形为蝴蝶结的部分。将发束抻开，拉出一定的宽度。

3

发环后面剩余的发梢上提，卷入被分成两半的发环中间。这是蝴蝶结打结的部分。

4

第3步卷好的发束用一字发夹固定。为了使打结处不散开，请将发卡牢牢地插入皮筋底部，做好固定。

5

刘海向右侧捋拨并形成圆弧，发梢扭转上提。形状确定后，插入一字发夹固定好，尽量不露出发夹。

Very charming!

丸子头 **4**

蝴蝶结丸子头

这款形似蝴蝶结的编发造型，实际上是丸子头的变形。如果蝴蝶结太大，看上去就会太孩子气，因此我建议把蝴蝶结弄小一点。

Basic

09

单辫

4款变化

Basic
10

单辫 1
马尾辫

高位马尾辫，给人健康、运动的感觉。根据发束位置和质感的不同，整个人的印象也不一样，可以多多尝试，会有新发现哦。

How to

1

保留刘海部分，其他头发用手梳理后束在一起。如果想束在头顶高一点的位置，可以低下头再梳，这样可以保证脖颈到后脑勺的头发都能利落地集中起来。

2

用皮筋绑成一个单辫。发量多或头发长的人，用稍微粗一点的皮筋，可以使马尾辫不易变松，从而增加稳定感。

3

从马尾辫中抽取少量头发，沿皮筋底部绕圈。一边拉着发束一边卷，直到看不见皮筋为止。

4

卷好后，用一字发夹固定发梢。发夹与马尾辫的打结处呈垂直方向，插入发束深处。最后轻轻梳理下刘海。

1

从两边用手梳理头发，一起束到脑后。一只手抓住头发，另一只手在头顶位置抓出蓬松度。

2

发梢松散的状态下，用皮筋将发束随意绑成圆形。不用绑得很利落，不加修饰的慵懒松散，倍增时尚感。

3

手持卷发棒与地面平行，脸部周围的短发向外卷，刘海两端的头发向内卷，为发梢增添灵动感。

4

刘海的中间部分，先往头顶方向提起，再从后面上卷发棒，卷的时候一边提升高度一边增加蓬松度。

5

抓松发髻，营造出恰到好处的松散感，提升潮流感。抓松的时候，按住皮筋一点点进行。

I feel
so good.

单辫 **2**

松散发髻

Basic **11**

松散绑着的低位发髻，是一款超简便的编发造型，适合搭配帽子或发饰等。熟练掌握的话，会很方便哦！

4 / 单辫

Basic
12

It looks great!

单辫 3
散发单辫

灵活运用了层次感的基础款发型，更多地保留了脸部周围和正面的散发量。打造与众不同的松散单辫！

How to

1
用指尖沾取极少量的发蜡，涂抹在刘海和脸部周围的头发上，制造半湿润的感觉，打造和平时不一样的风格。

2
在肩部附近位置，将头发束在一起。因为绑得松散，更容易制造出层次感，而且这里是能让头发整体不会散开的绝佳位置。

3
表面层次的头发随意抽取出来，自然垂下。好像发束浮在空气中一样的轻盈感很重要。

4
脸部周围的头发一点点抽取出来，用卷发棒从发根处开始卷烫。卷好后，用手随意握一下，喷上有定型效果的发胶喷雾。

1

以瞳孔的延长线为基准，将刘海向左右自然分开。向左分或向右分，给人的印象不一样，可根据个人喜好来决定。

2

头顶部分的头发弄蓬松一些，上半头部的头发用手收拢、束于脑后。皮筋的位置稍微往左地束起来，不着痕迹地增添灵动感。

3

将右边的头发轻轻扭转，顺着半扎发的边缘提到脑后，如同跨在皮筋上一样叠上去。

4

第3步的头发卷住第2步的发结，隐藏皮筋。完成后用一字发夹固定发梢。稍微不对称的半扎发完成啦。

单辫 **4**

优雅半扎发

这款将上半头部的头发束起来的半扎发，只是简单将皮筋隐藏起来，就能给人高级雅致的印象。调整刘海的线条，更显女人味。

Basic
13

5 /
翻 卷 辫
4 款变化

Basic
14

1

将两侧的头发盖住耳朵束在脑后，在距离发根稍远的地方绑皮筋。皮筋上方掏一个孔洞。

2

束好的头发向上提，从上往下穿过孔洞绕一圈。这就是翻卷辫。头发一定要全部穿过去。

3

将发束向左右拉伸，皮筋一下子从原来的位置被挤上去了，翻卷辫变得更蓬松。

4

皮筋如果露出来了，可以用自己的头发遮住。用手指从皮筋附近的头发中抓取一些，盖在皮筋上即可。

5

第4步盖住皮筋的头发，用一字发夹固定。发夹要牢牢插入头发中间，尽量不要太明显。

翻卷辫 1
翻卷单辫

初次接触翻卷辫时，我会觉得好麻烦。但是习惯之后，切实体会到了这款发型真的很方便。编发造型的种类范围一下子打开了。

How to

皮筋
位置

I

2

第1段翻卷辫用的是上半部头发。第2段是将耳朵上和第1段的头发编在一起的翻卷辫。然后将发梢向左右两边拉拽。

耳朵以下的头发分为上下两部分，做出第3、第4段的翻卷辫。每一段完成后，都往左右拉拽一下发梢。

3

4

第4段翻卷辫完成后，调整头发整体的松散度。扭转部分用手指抓松，填补各段翻卷辫之间的缝隙。

如果皮筋露出来的话，可以在发结稍上的头发插入U形发夹，垂直向下插进去。头发和发夹一同向下，盖住皮筋。

翻卷辫 **2**
四段翻卷辫

头发分成4段，每一段做一次翻卷辫，看上去就像正儿八经的全编发一样！关键在于整体松弛、随意的印象，更显时尚感。

This is
very feminine
style.

Basic
15

5／翻卷辫

Basic

16

翻卷辫 3
双马尾翻卷辫

虽然双马尾给人感觉是十几岁少女的样子，但是这种不对称的翻卷辫，成年人绑上两个结也能驾驭。

1

脑后斜着分开头发。左右发量不要平均分。分缝尽量不要太明显，用手指划出 Z 字形。

2

左侧的头发在稍稍靠后的地方，离发根远一点的位置绑上皮筋。皮筋上方掏出孔洞，将发束翻转穿过去。

3

右侧的头发拉到前面，离发根远一点的位置绑上皮筋。同样在皮筋上方掏一个孔洞，将发束穿过去。

4

头顶、脸部周围和翻卷辫发结上面的头发，调整蓬松度。后脑勺的分缝用头发盖住。

How to

1

放松发根位置，尽量将皮筋绑在靠近发梢的地方，但要保证两侧头发不会散落下来。发结上面的头发稍稍拉松。

2

绑好的头发从发梢开始向上向内翻卷。第 1 步发结上拉松的部分，就是为了收拢翻卷的头发。

绕一圈

3

头发翻卷完毕，一字发夹插入两三个地方做固定。即使发髻的线条不是很流畅也不要在意，有随意感就好。

4

垂在两边至脖颈发际的头发轻轻扭转上提，用一字发夹固定。轻拽脑后的头发做调整，完成。

翻卷辫 **4**

欧美盘发

头发向内折叠而成的盘发，akiico 也会特意打造慵懒蓬松感。用和编翻卷辫相似的要领即可完成。

Basic

17

If you do not
do perfectly,
never mind!

6

编发技巧

4款变化

Basic

18

编发技巧❶

脸周三股辫

仅用脸部周围的头发做出的造型，忙碌的早上也可以快速完成，而且给人的印象变化明显，这一点很有吸引力。三股辫看上去好似发箍一样。

How to

1

刘海侧分，先编发量多的部分，做三股辫。刚开始的时候编松一点，慢慢往后编得扎实些。

2

三股辫拉松之后，将三股辫与下面的头发用皮筋绑到一起。这样的话，三股辫不会显得突兀，会自然地融入头部的轮廓。

3

第2步的三股辫别到耳后。之后只要将两侧头发松松地盖住，三股辫的发梢和皮筋部分自然可以隐藏起来了。

4

刘海另一边发量少的部分，也是先做三股辫，再拉松，和下面头发扎在一起。之后同样别在耳后，大功告成。

How to

1

全部头发往一侧聚拢。不管是左边还是右边，只要选自己编着顺手的那边就不会失败。从耳朵后面开始，编松散的三股辫。

2

编到发梢附近，用颜色不显眼的细皮筋绑紧。只要掌握了三股辫的编法，就可以很顺利地到达这一步。

3

这一步开始是造型的关键。牢牢按着三股辫的皮筋部分，将编发部分的外侧一点一点拉松。

4

按住三股辫，最后将头顶的头发抓松。迅速地拉一下就行，后脑勺到两侧的头发都会更加蓬松。

编发技巧 **2**

侧边松散三股辫

只需在侧边做个三股辫的简单造型。重点在于营造出的随意感，大胆地将头顶和两侧的头发抓松吧。

How's my hair?

编发技巧 3

上提三股辫

三股辫的下垂部分互相交叠固定，即可轻松做出低位置的上提发髻。不论是日常生活还是正式场合，对我来说都很常用。

Basic
20

How to

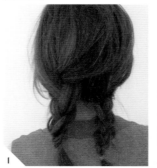

1

头发分成左右两边，尽量不要有明显的分缝。两边头发分别粗略地编一个三股辫，用皮筋扎好，将编发的部分拉松。

2

右侧的三股辫往左拉，左侧的三股辫往右拉。两个三股辫交叉一下。然后将两个三股辫一下子提起来，后脑勺头发自然而然就会蓬松。

3

交叉的三股辫，分别用发卡固定住两边。三股辫在耳后折起来。处理一下，不要使发梢太显眼。这样做固定，造型更清爽。

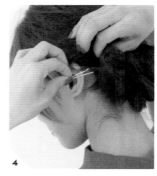

4

另一边的三股辫也是同样处理，在耳后折叠，用一字发夹固定，不让发梢露出来。即使没有发饰也很可爱！

How to

1 右边的头发从上半头部开始编内侧编发。从头顶纵向一边补足头发，一边穿过后脑勺向左编。

2 一直编到左耳后面，剩下的往下编，编成三股辫。按住三股辫的发梢，后脑勺的编发用手拉出一定宽度。

3 接下来拉松三股辫的编发，在耳朵后面弄圆。用一字发夹固定住，感觉好像戴了花朵发饰一样。

4 垂在脖颈发际的头发向左扭转。发梢扭转上提至第3步三股辫的下面，用一字发夹牢牢固定。

Accessaries are not necessary.

可以参加派对的华丽造型。可能你会觉得编后面的头发很难，但如果把编发部分拉松，则会显得手法很熟练，这也是这款发型的妙处。

扭发

2款变化

Basic

22

I changed my hairdo.

扭发 1

扭编半扎发

用两个一字发夹即可完成的简易半扎发。对于不擅长三股辫和发量多的人，如果能掌握扭编发型的话，会非常有用。

How to

1

头发整体保持卷曲状态。鬓角、耳后的碎发先保留，耳朵上方的头发拿起来扭转上拉。

2

第1步上拉的头发在脑后固定：扭到后脑勺插入发卡，将发卡转半圈（即上下翻转发卡）插入头发深处。

3

另一边也是同样处理。耳朵上的头发扭转上提，与第2步的发束交叉重叠，用一字发夹牢牢固定。

4

按住发卡固定的头发，拉松扭转的部分。左右两边一样操作。最后从头顶适当拉出后脑勺的头发。

How to

1

刘海按照左8右2的比例分开。先将右耳前面的头发拉向脑后并向上扭转。

2

从第1步扭转的发束旁边（耳后）取同样的发量，与第1步的发束交叉并扭转在一起。

3

插入一字发夹暂时固定，继续扭编。在脖颈发际处再次插入一字发夹，固定扭编发。

4

另一方向也是同样处理。扭编后，在靠左位置做成发髻，用皮筋扎好。扭转的部分抓松，最后提拉头顶的头发，完成。

扭发 **2**

扭编发髻

两侧头发的扭编发，加上低位置的发髻，打造淑女风。这款造型经常被人称赞，从哪个方向看都很棒。

Basic

23

8 / 发饰

8款变化

香蕉竖夹

Basic
24

发饰 1
竖夹

每天从早上就开始忙碌。如果能熟练用发饰做造型的话，就可以轻松搞定啦。高位马尾辫用复古丝巾做成的香蕉竖夹固定，就是这么简单！不管是做家务还是工作，都很方便。

竖夹 /Leah-k

How to

1

双手将两侧头发松散地集中起来。在脑后交叉两手，可以顺势将头发提起来，还会增加头顶的视觉发量。

2

打开香蕉竖夹，从马尾辫的下方竖着夹好。然后就是合上香蕉夹这么简单！头顶的蓬松部分注意不要散开。

3

从头顶轻提后脑勺的头发，使轮廓更圆润饱满。刘海留出两侧部分，其余部分松松地盖在头顶。

4

因为香蕉竖夹挺大的，有很强的存在感。为了保持视觉上的平衡，用手将马尾辫的头发倒着梳几下，制造蓬松感、增加视觉发量。

How to

1

戴上头带。留下脸部周围的碎发，将刘海放入头带内。重点在于头带稍稍盖住耳朵。

2

头发分三段，首先最上面的头发用皮筋松松地绑好，做个翻卷辫。之后将翻卷辫的发梢左右拉拽。

3

中段的头发和第2步一样，用皮筋松松扎好，做翻卷辫。发梢左右拉拽，制造蓬松感。

4

最下面的头发分成两部分，只把一边的头发放入头带。发量少的人，也可以使这里的头发全部留在外面。

5

露在头带外面的头发，用手指抓松。这部分头发垂下来的话，能让脖颈处的线条显得优雅华丽。

头带

发饰 **2**
头带

针织质地的头带，触感轻柔温暖。作为冬天的整发造型，既有时尚感还可以保暖，一举两得。这个造型推荐搭配耳钉或耳环，也很可爱哦。

头带 / 复古小店

8／发饰

Basic
26

条状发夹

发饰**3**
条状发夹

在很多造型中都能一显身手的条状发夹，也是我手边发饰中出场最多的小物。这款发夹虽是蝴蝶结设计，依然尽显成熟，配上光辉的金色，我很喜欢。

条状发夹 / 复古小店

How to

1

耳朵前面保留适量碎发。两边的头发分别向上扭转，在脑后合到一起。

2

第1步中的头发用条状发夹固定。如果觉得光靠条状发夹不牢固的话，可以先用皮筋绑一下，这样就不用担心会散开。

3

头发整体向右偏移，在发根处松松地绑好。发束缠绕在皮筋上，隐藏皮筋，最后将发梢塞进皮筋里固定。

4

第3步的发结和发梢中间扎上皮筋。最后向上折叠发梢呈环状，塞入皮筋中。

5

头顶、脑后、两侧的扭编发，以及第3步、第4步中的头发抓松。刘海自然斜垂，完成。

How to

1

刘海向头顶上提，保留鬓角和耳
后的碎发，戴上发带。有花朵的
部分摆在右耳后边。

2

用两只手从两边向脑后束拢头发。
两手交叉于脑后，用预先在手腕
上准备好的皮筋绑好。

3

这里是重点！绑的时候，头发的
一部分挽成一个圆发髻卷入皮筋。
变成小丸子头，提升造型感。

4

用少量发束缠绕在皮筋位置，遮
住皮筋。卷好的头发，只需将发
梢塞进皮筋里固定。最后，拉出
发带后面的一些头发。

Basic
27

发饰 **4**
发带

这是一款由里外不同颜色的缎带，
配上手工感花朵的装饰发带。造
型简单，戴着它就很引人注目。
把扎起来的头发的一部分弄圆，
给人"有特意在做造型"的感觉，
但头发整体凌乱一点又很自然。
发带 /mother

发带

帽子

Basic

28

发饰 5
帽子

充满时尚感的帽子，有利于搭配。从服装到帽子，依次决定行头后，再选择适合的发型。造型的关键是要放低编发位置，这样戴着帽子时正好可以看到做好的发型。
帽子 /MURUA

How to

1

头发斜分成两部分，分缝尽量不要太明显。左右的发量稍微不一样也没关系，不要在意，呈现自然的状态。

2

两束头发分别在发根处松松地扎起来。右边头发做双层翻卷辫（卷两次的翻卷辫）。发梢弄圆后，用皮筋固定。左边同样操作。

3

两个双层翻卷辫完成后，再变为稍宽的发髻。拉松两边和脑后扭转头发的部分，注意保持整体的平衡感。

4

将帽檐微微上扬，戴上帽子。贴合帽檐的曲线，将两边头发缓和地向后捋拨，这样侧面看上去也很好看。

1

在刘海和头顶头发的连接处附近戴上发箍。耳朵前面的头发作为碎发保留。

2

紧挨发箍后面的头发向前提，制造蓬松效果。头顶头发容易散开的人，可用卷发棒辅助。

3

刘海分成左右两部分，各自塞进发箍，用一字发夹固定。保留鬓角的头发。

Have a good day!

049

4

用发箍上的缎带把头发束起来。脑后的头发，从发结上面拉出一些，提升蓬松度。

5

第4步扎起的头发编四股辫。这时将缎带也一起编进去，编完后也用这条缎带绑好固定。

Point

四股辫的编法

四股辫将头发分成四股，中间的两股向外拉，最左边的往右拉，其他三股按照"上→下→上"的顺序依次编扎。如此重复操作。

发箍

Basic
29

发饰 **6**
发箍

发箍经常用来调整发型给人的印象。我很看重设计、质地、颜色，注意搭配时不会显得过于孩子气。将附在发箍上的细缎带和头发缠在一起，能使造型有点波西米亚风。
发箍 /KAPITAL

8 / 发饰

针织帽

Basic

30

发饰 **7**

针织帽

秋冬的外出发型经常出现的就是针织帽。
又暖和又可以为整体搭配增色。最简单的
搭配，就是头发披着，发梢弄卷，戴个帽子。
这款造型隐隐地露出耳朵，很有休闲感。
针织帽 /BEAUTY & YOUTH

How to

1

前一天晚上绑着丸子头睡觉，第
二天发梢就会有自然的卷曲度。
刘海从中间分开，让额头完全露
出来。

2

以半遮盖额头的程度，戴上针织
帽。额头上的帽边不是直线形，
而是呈现自然流线形。

3

脸部周围的头发向内卷。因为戴
着帽子，很容易显脸圆。为了让
脸看上去小一点，可以把两边头
发卷烫一下，削弱脸的宽度。

4

发梢部分向外卷，强调灵动感，
提升与松软针织帽之间的平衡
感。最后将两侧头发盖住耳朵。

How to

1

头发整体向左偏移，从发梢开始
扭转。顺势向左耳后方卷绕，用
一字发夹固定。打造波波头造型。

2

为了不让脖颈发际处的头发掉下
来，可以在右侧和中央附近两个
地方别上一字发夹做固定。发夹
紧紧插入头发深处，不要露出来。

3

在第1步挽好的头发上方，别上
条状发夹。装饰珍珠比较大颗，
所以到这一步已经算完成，可以
见人了。

4

贝雷帽斜斜地戴上。首先确定帽
檐在额头的位置，然后调整侧面
和后面的位置。

贝雷帽

条状发夹

发饰 **8**

贝雷帽 & 条状发夹

贝雷帽有各种各样的戴法，大家
是不是也会感到烦恼呢？波波头
配上有大颗珍珠的条状发夹，贝
雷帽斜斜地戴着，浓浓学院风。
这款造型给人印象高雅、复古，
成熟之中又不失可爱。

贝雷帽 /CA4LA
条状发夹 /Lily's Handmade

Basic
31

Part / **3**

今天约了谁?
要去哪儿?

春夏秋冬。和谁在一起、
在什么时候、怎样度过?
造型也随之变换。

根据不同季节的活动、当日的安排和所
选的服装,我在考虑编发造型的过程中,
不知不觉涌现出许多方案。但是,因为
自己还不够灵巧,基本都是"基础技巧
+α"的形式。接下来,我会按照不同场
景,给大家介绍我喜欢的发型。

SPRING

春天
P.054

SUMMER

夏天
P.064

AUTUMN

WINTER

冬天
P.084

秋天
P.074

SPRING

Day.

1

和同为妈妈的朋友一起烤肉

印花大手帕 & 松散丸子头

春天,我会和同为妈妈的朋友们一起去烤肉。切蔬菜、烤烤肉、追着淘气孩子们跑……在这样的日子里,松散的丸子头卷上印花大手帕作头带,更方便行动。同时不忘留出碎发,流露女人味。

1

保留脸部周围的头发，其他头发用手在较高位置绑一个马尾。与刘海一起用皮筋扎好。

2

将马尾辫分成三份。用皮筋或鸭嘴夹等分别暂时固定，保证顺利进行下一步。

3

第2步中的每个发束再分成两部分，分别进行扭转，同时不断交叉处理成绳编辫。

4

绳编辫用手指拉松，增加视觉上的发量。为了不让辫子散架，请牢牢按住发梢再进行这一步。

5

拉松的绳编辫绕在马尾辫的皮筋周围，用一字发夹固定。剩下的两束头发和第3步、第4步同样操作。

Front

Back

印花大手帕 /Spick & Span

6

用直板夹为脸部周围的碎发增加流动感。直板夹夹住头发，转动手腕，制造自然卷曲度。

7

印花大手帕折宽一些，从后往前绑到头上，挡住发际线。在中间牢牢地打个结，调整形状。

SPRING

Day.
2

和孩子去书店

外翻
马尾辫

阳光正好，越发温暖的日子里，我会散个步，顺便去书店。休闲的外翻马尾辫和蓬帕杜式刘海，打造飒爽的外出发型。为孩子们读绘本的时间，也是无可替代的时光。

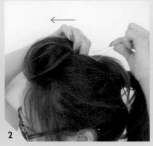

How to

Which book
do you like?

1 绑一个马尾辫，用皮筋扎好。保留鬓角、耳后的碎发，刘海轻轻扭转上提。

2 扭转的刘海，稍稍往前推一下，打造蓬松的蓬帕杜式刘海。保持蓬松度的同时，用一字发夹固定。

3 将内有钢丝的发饰卷绕在马尾辫上。对于不擅长用自己的头发遮盖皮筋的人来说，这样的发饰很有用。

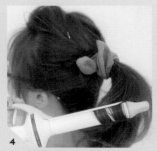

4 马尾辫的发梢用卷发棒卷成随意向外翻转的样式。从正面看，发梢一晃一晃的，悠闲感十足。

5 拉松马尾辫。抓握几下，或者分下发束制造蓬松感，差不多就行了。蓬蓬的样子很可爱。

Side

Back

发饰 /flower

SPRING

Day.
3

一个人逛街

反转
翻卷发

偶尔我会一个人逛街。带孩子的话，总觉得慌慌张张的，而自己逛街可以慢慢看看喜欢的衣服，转换下心情。这款应用了翻卷发的盘发造型，短时间就可完成，还很时尚。

1

刘海的发梢用卷发棒向内卷，垂在眼睛上方。微微透视，给人轻盈的印象。

2

头发整体向左偏移，离发根稍远一点的位置绑一个结。用一束头发缠在皮筋上，发梢塞进皮筋做固定。

3

基本的翻卷发，是头发由上往下穿入孔洞，这次我们反着来。皮筋上面掏出一个孔洞，从下往上将发束穿过头发。

4

反转翻卷发完成后把手从头上拿开，发梢会呈现喷泉形状。第2步已经把皮筋藏起来了，因此看不到发结所在，这是关键。

5

在反转翻卷发的上面，插入一个发梳形的发饰。金色搭配华丽设计，给人以成熟女性的印象。

6

喷泉状的发梢任其散开。整体上的蓬松感会显得自然而不做作，因此头顶和脸部周围的头发也要适度抓松。

Back

发饰 /BEAMS

SPRING

Day.
4

和同为妈妈的朋友参加工坊活动

刘海
侧编发

受同为妈妈的朋友邀请，有时我
会参加手工艺工坊活动。虽然我
的手不算灵巧，但是对于手工艺
到底能做些什么也很期待。这个
刘海侧编发的造型，不会妨碍操
作活动，还被同为妈妈的朋友称
赞了一番。

1

在眼尾的延长线附近分开刘海。要编的只是刘海和头顶前部的头发，其他地方的头发先用发卡临时固定。

2

首先，第1步的刘海分缝到鼻子延长线的宽度，选取部分刘海（与照片差不多的发量）。然后分成三束头发，编一个三股辫。

3

脸部周围编普通的三股辫，头侧部分边用新的头发补足边做侧辫。为了不让侧辫腾空，要沿着额头编。

4

一直编到右侧上半头部的位置，剩下的头发编普通三股辫。接着用手从上往下拉松编发，营造蓬松感。

5

这里告诉大家一个小脸技巧！从编好的发束下面拉出鬓角部分的头发，垂在耳朵前面，可以盖住脸部轮廓。

Side

Back

发夹 / 复古小店

6

用两个装饰发卡做固定，压住侧编发。发卡位置与眉毛或眼睛同高，自然强调了眼睛部分，目光炯炯有神。

7

预先做卷的头发作为编发造型的基底，制造蓬松度。将头发提起来，定型喷雾从下往上喷。

SPRING 3

Day.
5

忙碌换洗日

金色发卡
丸子头

今天一早起来就要洗衣物，特别忙！
这时候，充满活力的斜式丸子头配上
金色发卡，可以添上一分情趣。刘海
利落地挽上去，让我们心情愉悦地快
速完成家务吧！

How to

1 在中间偏左的较高位置，用手把头发束起来，斜斜地扎好，展现休闲有活力的印象。

2 包括脖颈发际的碎发在内，让脖子完全露出来，更便于做家务。后脑勺垂下来的头发，紧紧地扭在一起，竖插一字发夹固定。

3 轻轻扭转马尾辫，缠绕在发根处，挽成发髻，绑好皮筋。发梢从丸子发髻里跑出来也没关系。

4 露在丸子发髻外面的发梢，用金色发卡固定。再用两个发卡交叉固定，增添可爱度。

5 刘海中间松松地提到头顶，用两根金色发卡交叉固定。刘海的两边自然垂下。

Side

Back

6 第5步固定好的刘海，用手指稍微拉出来一点。比起紧贴在头皮上，这样更配合丸子头的休闲感。

7 鬓角、耳后的碎发用卷发棒烫卷，营造自然的流动感。手持卷发棒，与地面保持平行，轻轻向外翻卷。

SUMMER

Day.
1

梅雨天

不会轻易散开的发髻 & 星星条状发夹

一到让人不爽快的梅雨时期，接送孩子就变得很辛苦。这时候，不会轻易因湿气而散开的发型，以及我中意的雨伞、雨靴就该出场了。希望湿漉漉的心情，多少能晴朗起来……

How to

1
边轻轻梳理头发，边在一侧编一根极细的三股辫。这时候，让耳朵上方的头发自然垂下来，正好盖住耳朵。

2
将三股辫轻轻拉松，在脑后用一字发夹固定。另一侧也是同样处理，编好的极细三股辫在相同位置用一字发夹固定。

3
剩下的头发稍稍向左偏移，用稍微粗一点的皮筋牢牢地绑好。注意绑好的头发，发束全都不要脱离发结。

4
第3步扎好的发束弄成圆环状，变为不易散开的发髻。多出的发梢绕在皮筋上，用一字发夹牢牢固定。

5
将第4步的发髻轻轻拉拽出一定的宽度，安上条状发夹。满天星主题的设计更添华丽感。

064　今天约了谁? 要去哪儿?

It will be a
sunny day
tomorrow.

条状发夹 / 复古小店

SUMMER

Day.
2

工作讨论会

碎发
半扎发

和时尚品牌合作的工作, 有时也需要去媒体接待室之类的场所开讨论会。这时我会尝试充分发挥波浪卷和碎发优势的半扎发, 它是一款着重体现成熟稳重感的编发造型。

How to

1

头顶部分的头发上提，从后面向前用卷发棒立起来。这是打造披发造型或松散半扎发时，提升头顶蓬松度的技巧。

2

耳朵上方的头发在脑后松散地绑好，形成半扎发。两边的头发自然垂下来，半遮住耳朵，差不多保持这样的松散度。

3

拉出第2步的绑发皮筋，套在手指上。取一些细发缠绕在皮筋周围，然后塞进拉出的皮筋里做固定。

4

把金色的条状发夹别在半扎发皮筋稍上处。发夹选择奢华简约的设计，更能体现成熟感。

5

头顶和脸部周围的头发拉出一些多做些碎发。发梢用手指轻轻地竖着倒搓，制造出一些波浪卷的效果。

Side

Back

条状发夹 / 复古小店

SUMMER

Day.
3

去美甲沙龙

松散侧边
鱼骨辫

指甲变美了，人也会很开心对
吧？今天我要去可以带孩子进入
的美甲沙龙，准备给指甲来个大
变身，那里我常常光顾。于是尝
试了侧边松散编扎的鱼骨辫，体
现轻松感和淑女味。

Which color
suits me today?

How to

1　刘海以左眼尾的向上延长线为准分开，向侧边分流。不仅是刘海，头顶部分的头发也向前拨，可以增加头发视觉上的厚度，也更容易分发流。

2　第1步分流出来的头发，以及脸部周围剩余的头发，用卷发棒卷烫。发梢稍稍外翘，营造出动感和悬浮感。

3　头发整体向左偏移，像编三股辫那样，将头发分成三束。中间的发束与旁边的发束交叉，向最外侧移动。

4　取少量脖子附近的头发，和第3步中移至最外侧的发束汇合。然后再和中间的发束一起拿在左手上。

Front

Back

5　从左手拿着的发束外侧取出少量头发，与右手拿着的发束合并在一起。接着再从右手发束外侧取出少量头发，与左手中的发束合并。

6　像这样将最外侧头发和相反方向的头发合并在一起，重复这个动作，就可以编出鱼骨辫。最后用皮筋绑好，拉松编发部分，配上发饰。

发饰 / 复古小店

Day.
4

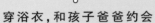

穿浴衣,和孩子爸爸约会

扭转
盘发

穿着浴衣,和孩子爸爸一起享受
夏天的约会,偶尔就像回到了谈
恋爱的时候一样。适合浴衣装扮
的,是不使用皮筋只用发卡固定
的发型。利落感和整体松散度平
衡得刚刚好,从后面看也很有女
人味呢。

How to

1

耳朵前面的头发往后脑勺的方向提拉扭转。一只手牢牢地抓住头发，另一只手拉松扭转的部分。

2

第1步中的发束用一字发夹固定。另一侧也是同样处理，轻轻扭转后拉松，用一字发夹固定。呈现半扎发状态。

3

垂在脖颈发际处的头发分成左右两部分，各自扭转。将扭转部分在发际中间位置固定一下，就不易散开。

4

脖颈发际处的头发固定后，再次扭转发束，挽成丸子圆发髻，然后在耳朵后侧用一字发夹固定。

Side

Back

5

边用手指抓松扭转的头发，边注意不要过度弄散。左右两边都弄蓬松，明显增多了视觉上的发量。

6

头顶部分的头发稍往上提。由于造型过程中头发很容易散开，所以一定要从正面和侧面确认没问题，再弄蓬松。

SUMMER 3

Day.
5

和孩子去游泳池

翻卷辫 &
编发

孩子们都喜欢玩水。到了休息日，爸爸带着一起去游泳池，孩子们开心极了。妈妈身穿及踝长连衣裙，也有了些许度假的气氛。翻卷辫 & 编发的造型，就算戴上防晒用的帽子，也是有模有样。

How to

1
上半头部的头发在脑后绑好。皮筋上方掏一个孔洞，将头发从上向下翻卷。（翻卷辫的方法请参考 P034）

2
第一个翻卷辫的下面，再同样做一个翻卷辫，左右拉拽一下。

3
两段翻卷辫的下面，头发拿在手里左右交叉，边补足头发边进行内侧编发。内编发部分缝隙大一点，显得更可爱。

4
如果内侧编发的发量不够，朝着发梢往下编三股辫就行了。编发时不要绑太紧，快速轻盈地编出来，也会更可爱。

5
最后将编完的辫子拉松。对于编发比较熟练的人来说，可以在编辫过程中一边拉松一边编，这样蓬松度的平衡感刚刚好。

6
在发梢处绑一个很有夏天感觉的海星装饰皮筋。哪怕天气再热、出汗再多，也能对付。到此，这款华丽发型完成啦！

My children
like to go
to pool.

Side

发饰 /PLUIE

AUTUMN

烤点心的日子

扭编
半扎发

秋天美食多多。自从发现了苹果派的简单制作方法，我立刻尝试烤了一个。扭辫半扎发的编发造型也成功了，叫上同为妈妈的朋友一起享用我做的点心，也是一种乐趣呢。

How to

1

在左眼眼尾向上延长线上分刘海，到鼻梁向上延长线的宽度，分出刘海。然后分成两束，开始扭编。

2

一点点补足头发，继续扭编进去。这就是扭编发的手法。一直扭到后脑勺结束，用皮筋扎起来。

3

为了不让这股扭辫松开，在进入下一步之前，将第2步扎起来的发束用鸭嘴夹暂时固定。

4

一边压住刚才暂时固定的地方，一边用另一只手拉出一些刘海，提高头顶头发高度。接下去，扭辫部分也拉松。

5

另一侧的头发也按以上步骤做扭辫后，轻轻弄松。然后去掉暂时固定用的夹子，将左右两股扭辫用皮筋扎在一起。

条状发夹 /Flower

Front

Back

6

扎起来的发束，从上往下做翻卷辫。发梢往左右两边拉，皮筋往上推，这样后脑勺和扭辫的发量看上去就多了。

7

将颇有秋日气息颜色的蝴蝶结条状发夹，安在皮筋上方。条状发夹不仅能增添发型的韵味，还有隐藏皮筋的作用。

和同为妈妈的朋友喝咖啡

帽子 &
绳扎翻卷辫

和同为妈妈的朋友去咖啡馆喝咖啡,从育儿到时尚,我们会聊许多话题。造型选择颇有成熟感的风格,以流行的宽檐呢帽、棕色的细缎带提升整体格调。

AUTUMN

How to

1 头发左右分开，各自向内侧持续扭转。用两只手同时操作，不一会儿就能完成！

2 扭转的发束，在脖颈发际附近扎起来。由于上一步的扭转效果，发结上方自然有了孔洞。

3 上提扎好的发束，穿过孔洞后再彻底拉出来。这样的话，戴着帽子也能看到竖长的翻卷辫。

4 要扎的发结处和发梢中间用手指压好，抓着翻卷辫下方弄蓬松，使编发部分形似水滴。

5 手指压住的地方，用细的皮筋扎好。由于这根皮筋不会隐藏起来，请选用与发色、缎带颜色搭配的棕色系。

帽子 /H&M　缎带 / 手工艺小店购入

6 翻卷辫部用棕色细缎带打个蝴蝶结。缎带长度故意弄成左右不一，这是看上去更时尚的关键点。

7 戴帽子时，注意不要破坏耳朵周围头发的蓬松感，往前戴一点。360度无死角，漂亮又时髦！

AUTUMN

Day.
3

参加运动会

棒球帽 &
松扎发型

孩子参加运动会，对家人们来说，是秋季的一项大活动。我会忙着为孩子加油鼓劲、一个劲地按相机快门。头发上，选择以棒球帽配合松扎发型，打造运动感。大胆地弄松头发再扎起来，不知道为什么看上去也挺时尚的，真是不可思议。

How to

1

手上抹点发蜡，将头发集中到左侧，以不会散开的程度，松松地扎起来。不用把皮筋隐藏起来，直接扎好就行。

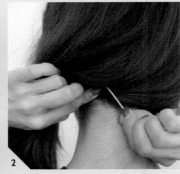

2

露出脖颈发际，在后颈中央附近用发卡暂时固定。然后用头发盖住发卡。调整一下头发的松弛感，防止脖子看上去太短。

3

以发梢不会从皮筋里脱离的程度，提拉脑后的头发。之后戴上帽子的时候，头发被压着，更显蓬松感。

4

用带珍珠装饰的皮筋扎好，运动感中更添成熟。一开始扎好的皮筋也能很好地隐藏起来。

5

刘海在中间分开，最后戴上帽子。戴帽子时，先确定脑后位置，用手压好，然后垂下帽檐。

帽子 /SEA　发饰 /JUPITER

Nice pictures!

Good luck!

今天约了谁? 要去哪儿?

AUTUMN

Day.
4

和孩子一起摘水果

头带 &
碎发编法

到了秋天，和孩子们一起去摘水果，好好享受这个收获果实的季节。这一天，我用超简单的单马尾辫做发型，戴上和工装裤相配的头带即可。光是如此，也能一下子提升熟练感。

How to

1

用手把头发梳到脑后。抓着发束的手往上提拉的同时，另一只手的手指拉出头顶的头发，增加头顶头发的高度。

2

第1步中的发束在与耳朵同高的位置扎个马尾。从马尾辫中取出少量头发，卷进发结，隐藏皮筋。

3

卷完之后，发梢用一字发夹固定。不太会插发夹的人，也可以将发梢夹入皮筋中间。

4

拉出鬓角的头发作为碎发。这时候如果感觉头发缺少灵动感，建议用卷发棒轻轻卷一下。

Front

Back

头带 /Flower

5

刘海部分弄圆，捋到侧面用一字发夹固定。因为之后会戴上头带，所以现在就算看得见发夹也没关系。

6

内附钢丝的头带绑上头发，根据刘海的弧度确定打结位置。重点在于卷的时候，要隐隐遮住耳朵。

AUTUMN

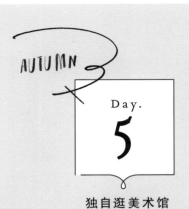

Day.
5

独自逛美术馆

针织帽 &
松散三股辫

有时间的话，我会一个人去逛美
术馆。最爱的艺术，感觉是浇灌
我心灵的养分。与短上衣风格搭
配的，是温暖的针织帽加上松散
三股辫的双马尾发型。成熟的女
孩儿味道，正是我的造型目的。

I'm going to
go to an exhibition

How to

1

脸部周围的头发抓取细细的发束大约三次，用卷发棒烫卷。这样一来，戴针织帽时，就能呈现灵动感。

2

在脑后把头发左右分两半。分头路时，不要直接碰触后脑勺，从发梢开始分，这样可以尽量使头路分得不那么清楚。

3

先把右侧头发分成三束。但不是均等分开，发束可粗细不一，要点在于取不同的发量。

4

编出不整齐的三股辫。不要有意识地当成在编三股发束，而是手指随意插进头发之间，蓬乱着编下去。

5

一直编到发梢，用皮筋扎好。为了隐藏皮筋，用装饰发夹箍好。左侧头发同样操作，蓬乱着编松散的三股辫。

针织帽 /BEAUTY & YOUTH　发饰 /BEAMS

Front

Back

Point

看一下与普通的三股辫有什么不同

普通三股辫，是用均等的三股发束来编的，因此特别整齐。给人印象就像是一丝不苟的优等生常见的双马尾一样。

松散三股辫，发束也好编法也好都是不整齐的，就像是把编发故意弄松了一样，能看出来特意上手打理过。

WINTER

Day.
1

没有预定计划的日子

蓬松
丸子头

没有任何预定计划的日子，我会
在家和孩子们做做游戏，或者看
看书。衣服穿得很休闲，头上一
颗蓬松的丸子头，完全开启了放
松模式。英文字母装饰的皮筋和
迷你发夹，小巧可爱。

How to

1
在较高位置用手拢起头发。头朝下，从脖颈发际开始用手梳，可以比较轻松地拢发，脑后的头发也不容易松垮。

2
将拢起的马尾随意对折，直接从上面套上皮筋。因为一天都会待在家里，就用一根装饰皮筋扎起来就行。

3
调整成丸子形状，一边拉扯皮筋扎扎好。即使丸子发髻的发梢和刘海有头发跑出来，也不要在意。

This picture book is so wonderful.

4
拉出脖颈发际最下面两端的头发（如图所示），当作碎发。另外，也调整一下鬓角的碎发发量。

5
刘海分成两半，分别上提至头顶用夹子固定。用夹子固定很简单，而且就算看得出来也挺可爱的。

装饰皮筋 /nano・universe

WINTER 3

Day.
2

圣诞派对

侧编
翻卷辫

周末要和好朋友的家人们一起，为圣诞派对做准备。那天我的造型是侧编翻卷辫，被朋友问道："你这头发怎么弄的呀？"实际上非常简单哦！

How to

1

首先做好编侧侧编翻卷辫的准备。右侧上半头部的头发分取出来，只留出刘海、鬓角、耳后的头发。

扭转起来

2

第1步分取的头发用皮筋扎好，皮筋上方掏一个孔洞。然后将头发扭转进去，连续编三次翻卷辫。

3

第2步的三层翻卷辫一点点地弄松。左侧头发同样操作，上半头部的头发扎起来，连续编三次翻卷辫后弄松。

4

头发整体往左偏移，用皮筋扎好。皮筋上方掏一个孔洞，编翻卷辫。发梢向左右两边拉，增加视觉上的发量。

Front

Back

针织衫 /tocco　发饰 /PLUIE

5

第4步的翻卷辫和发梢的中间位置，用皮筋扎好。皮筋上方掏一个孔洞，编翻卷辫。发梢往左右拉，把皮筋往上推。

6

在第4步的翻卷辫上方，用梳子形的发饰插定。没想到编翻卷辫就能完成这样一个华丽的编发造型！

WINTER

Day.
3

和孩子爸爸约会

三股辫
马尾

和家人在一起也好，夫妇二人世界也好，这些时光都非常重要。好久没和孩子爸爸两人单独出去了，我在马尾辫基础上加入三股辫元素，打造随和女生的时尚感。

How to

1

刘海在中心位置左右分成两半。分缝时，用手指或梳子的柄分成 Z 字形。比起分成笔直的头路，这样一定更显熟练感。

2

刘海两端（鬓角上部）头发留出来，将分开的刘海分别编三股辫。编好一边之后用发卡固定，另一边同样操作。

3

在比耳朵稍高的位置上扎马尾。从马尾辫中取出少量头发，卷上发结。发梢夹入皮筋做固定。

4

从马尾辫中取出少量头发，编出细细的三股辫。编至发梢处用梳子倒梳，防止三股辫松开。

5

另外，倒梳的头发喷上具有定型效果的喷雾。这样一来，不用皮筋或发卡就能固定住三股辫。

6

接下来编另外两股细的三股辫。和最开始一样，在发梢处倒梳、用喷雾固定。编入三股辫的马尾大功告成。

Front

Back

WINTER

Day.
4

新年回娘家

针织帽 &
波浪卷发

新年回娘家的时候，选择充满暖意的造型。为了赶路时取下针织帽头发也不会乱，特意打造凌乱的波浪卷发型。就算戴着帽子，脸部周围的头发如果充满了灵动，也有小颜效果哦。

How to

1

将头发大致分为上下两段。先从下段开始。卷发棒与地面平齐拿好，发根附近的头发向内烫卷。

2

从第1步烫卷的位置开始稍稍向下移动，这次向外卷。这样交替重复内卷、外卷，做出如波浪一样的起伏效果。

3

下段整体卷完以后，放开上段的头发。用卷发棒在发根附近夹住，向内卷。

4

从第3步烫卷的位置开始稍稍向下移动，这次向外卷。和上段同样操作，交替重复内卷、外卷，一直到发梢。

蓬乱着很妹

5

上段整体卷完以后，用发蜡涂抹于整个头发上。以手心涂上头发，从下往上抓握的方式来涂。

6

戴上针织帽。为了使额头的线条看上去更好，建议使针织帽前面的走线弧度更为流畅一些。

090

今天约了谁？要去哪儿？

I'm gonna
go home.

Back

针织帽 /BEAUTY & YOUTH

WINTER

Day.
5

去超市采购

小卷
丸子头

只要制造出头发整体小卷的效
果，就能给经典的丸子头发型一
些不一样的变化。看上去很温暖，
是一款十分适合寒冬季节的编发
造型。就连去超市采购，也都感
觉会很开心呢！

1

刘海、耳朵前面、脖颈发际最下面两端的头发，用较细的卷发棒烫卷。不做烫卷的头发暂时固定好，就不会妨碍到。

2

第1步卷好的头发留出一半的量直接放下，剩下一半和其他头发一起收拢。这是使头发表面看上去蓬松的秘诀。

3

集中在较高位置的头发，蓬蓬地揉圆，用皮筋扎好，做出丸子发髻。丸子发髻位置和整个造型，自然不做作为好。

4

从丸子发髻中拉出发束，卷到发根里，隐藏皮筋。发梢用发卡固定，或者夹入皮筋里做固定。

5

丸子发髻前面用两个金色的装饰发夹横向固定。蓬松感中多一点闪耀，有张有弛。

6

刘海、侧面、脑后表面的头发稍稍弄松，展现浮动感。松软的质感，可爱得好似小狗的毛发一般。

Front Back

How to

1

用手作梳子，将头发自然收拢，在后面扎起来，做个翻卷辫。头顶头发拉出一些。

2

用喜欢的头巾或手帕，从下往上扎入翻卷辫，使头发看上去像被扯住一样。

3

第2步的头巾轻轻地往左右两边拉。只要抓住扎头巾的诀窍，就能迅速完成到这一步。

复古风、带插画的带褶头巾
头巾 /BEAMS

Q: 只有3分钟时间，怎么办？

A: 翻卷辫+头巾

4

右手抓起头巾，从翻卷辫发束下面钻出，向左侧移动。

5

头巾打一个单边花结（只有一边抽出的蝴蝶结，只在一边做个圆环），完成。

Part 4

遇到这种情况,怎么办?

编发造型问与答

"来不及了！""刘海变长了……""用卷发棒太麻烦"等，有时会遇到这样的小危机或小困难吧？介绍给大家这时可以派上用场的小技巧哦！

Q: 只有3分钟时间，怎么办？

A: 对折发结+发卡

I can arrange it quickly.

这次只使用皮筋和装饰发夹。然后戴上时尚的眼镜，掩饰偷个小懒的随意感。
眼镜 /VICTOR & ROLF
发卡 /BEAMS

How to

1

手心抹上发蜡，将头发收拢到一块儿。这时候把皮筋套在手腕上做好准备。

2

将发束翻折上去，用小拇指压住，然后用手腕上的皮筋扎好。

3

从皮筋里蹦出来的发梢使其自然散开，尽量隐藏皮筋，可用装饰发夹。

4

刘海用手斜向揉顺。习惯了的话，这款发型1分钟就能完成！

What a
nice style
this is!

编发造型问与答

Q: 不剪刘海，
怎样改换形象?

A: 短刘海编发

折成喜欢的宽度来使用。
围巾 /PASS THE BATON

How to

1

在较高位置扎一个马尾，
一边轻轻扭拧，一边绕在
发结上。

2

马尾的发梢部分往额头集
中，扎出一个丸子发髻。

3

第 2 步的发梢部分，用卷
发棒轻轻烫卷，烫出柔顺
的卷发效果。

4

将围巾卷起来，在头部前
面中央位置打结。从丸子
发髻露出来的发梢，仿佛
是刘海一样!

Q: 不剪刘海,怎样改换形象?

A: 斜刘海编发

条状发夹 / 复古小店

1

从头发内部分出侧头路。用手作梳子,让头发叠在长出来的刘海上,自然垂下。

2

第1步分出的头发,一边弄圆一边往侧面捋拨。耳朵上方的头发直接向后面收拢。

3

左右收集起来的头发拧一次再上提。给头顶和脑后的头发增加视觉上的发量。

4

用条状发夹固定。拦住重叠在刘海上的头发,编出斜刘海的发型。

Q: 如何打造休闲的微卷发型?

A: 三股辫卷发

Before

前一晚扎好
三股辫再睡
就行了!

Very easy
to do!

After

How to

1

前一晚抹护发精油在头上
自然晾干,在稍微温热的
状态下开始抹。留出脸部
周围的头发。

2

分为头顶、左侧、右侧、
后脑勺四个部分,各编一
个三股辫。

3

全部编完的状态如图。这
样一来,自然卷翘的卷发
预备工作就做好了。

4

四根三股辫在头顶处集合,
扎一个丸子头再睡觉。之后
就等第二天早上松开即可。

1

涂上护发精油自然晾干，在完全干透之前，用手束起一个马尾。

2

第1步中手腕上预先准备好的皮筋，套上马尾后开始扎。

3

为了使卷曲度更明显，大胆地扭转马尾辫，绕圆打结。

4

把发梢都扎进皮筋里，这样发梢处也能卷起来。之后睡下就行啦。

Q：如何打造休闲的微卷发型？

A：丸子头卷发

While sleeping...

Before

前一晚绑个丸子头，一大早就变卷发咯！

After

编发造型问与答

Let's go
to the party.

How to

1

在发箍的使用上花一点巧思。与一般戴法不同，反过来戴，从下往上。

2

头发在后面收拢起来。为了体现松弛感，诀窍是在发梢附近打结。

3

扎好的头发，从发梢开始往里卷成圆圈，束进发箍上面，用一字发夹固定。

4

刘海发梢用卷发棒轻轻内卷，自然垂在眼睛附近。

5

脸部周围、头顶、后脑勺的头发稍稍弄松、弄蓬一些。实现高级的华丽发型！

Q：怎样打造简单的赴约发型?

A：反戴发箍

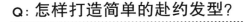

此款发箍侧边有装饰，也适合成人使用。
发箍 /BEAUTY & YOUTH

How to

1 利用发箍。就算是较大的款式，只要搭配好颜色，也能营造统一感。

2 发箍上的蝴蝶结位置稍稍偏离中心，扎马尾辫的时候则往左一些。

3 从马尾辫中抽出一束头发，绕在马尾根部。发梢用皮筋捆好固定。

4 用两个装饰发夹压住马尾，夹的位置随意。

5 马尾辫发梢或者装饰发夹的上方，用梳子倒梳头发，可提升发型华丽感。

带较大蝴蝶结的发箍，如选择黑色的，应该不会看上去过于孩子气。
发箍 /snidel
发饰 / 复古小店

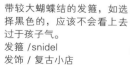

Q：怎样打造简单的赴约发型？

A：发箍+发卡

Q: 还有什么展现熟练度的技巧吗?

Before

A:1

提拉头顶的
头发

其他还有……

现在最流行的时尚发型,无论哪种,头顶头发都很蓬松。如果看上去过于塌扁的话,说明弄头发不熟练。以手指作梳子,在扎拢头发的时候先提拉出头顶的头发,或者最后完工时再拉出。

A:2

Z字形
分头路

其他还有……

看似微不足道,其实头路分势也能影响发型完成度。想要打造蓬松、时尚感,就用"Z字形头路"吧。发根会变得容易自然立起。

A:3

侧面头发
打造自然流势

用斜刘海等作为侧面头发时,注意头路不要像突然分开一样突兀。从头发里面垂下,从发梢开始分头路,显得更为自然,头路分缝也不会太明显。

A:4

束发时，
手指交叉插入头发

以手指作梳子打造的随意感，也是给人熟练印象的关键。不是那种从头发上面往下压，而是头发都穿过手指之间，两手交叉进行束发动作。

A:5

扎好以后弄松发髻

想要有点微妙的与众不同或者蓬松感的时候，必需技巧就是"扎好发髻以后弄松"。将丸子发髻或三股辫适当拉松，即可提升熟练感！

其他还有……

A:6

耳朵周围的头发
打造松散感

其实我会非常在意耳朵周围头发的样子。不把整个耳朵露出来，而是用头发遮住耳朵上面三分之一的部分，可使发型的档次提升。即便只是简单地扎起头发，也能显示出熟练感！

其他还有……

Q: 如何让碎发看上去也很时尚?

编发造型问与答

看这里!

A:1 侧面

脸部侧面的碎发,可以在视觉上使脸部轮廓变尖,具有小颜效果。卷发棒与地面平行拿在手里,向内卷,发梢向外卷。

How to

看这里!

A:2 鬓角

将发际线的头发全部撩起来的话,束起来的头发容易看上去只是一个发髻而已……可以把鬓角部分的头发放下来一点,以隐约透出一点点肌肤的程度为佳。

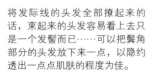

OK　　　NG

A:3 脖颈发际处最下面两端

如图所示,从此部位抽出一束头发作为碎发,松松地拧卷即可。

How to

看这里!

看这里!

A:4 卷发

实现脸部周围头发的流动感,打造小颜效果和华丽感。用直发棒从发根开始由内向外交替着烫,这样就能卷出自然的卷发。

How to

1　　　2

Q: 如何与美发师沟通?"给我剪得/染得方便自己打理吧!"

A: 透出活泼、幸福感的低层次中发

akiico是这样剪发、染发的

剪发的话,我会使头发本体看上去较厚重,但摸上去却很轻盈,质感很梳通的样子。脸部周围的分层,嘴角上扬的位置正好是头发自然垂下的地方,显露出活泼、幸福感。染发的话,红色少许,以透出光泽、透明感的灰色系为底,通过颜色明暗交替的方式,打造立体感。

A: 首先,清楚地告诉美发师你想要什么样的发型吧!

如何与美发师沟通想要"方便打理"的发型

请和负责的美发师这么沟通:把想要自己打造的发型,想要头发扎起来时脸部周围有自然垂下的碎发,诸如此类的要求告诉他们。按照你头部的形状,使头发可以呈放射状散开的样子来修剪头发,这样分头路、自己做发型都会变得更容易。另外,为了鼻子、嘴唇、下巴、锁骨等各部分显得更有灵动感,通过适度的分层修发,发型一下子就能变得很时髦。

akiico的头发是在这里打理的!

K.e.y hair & make
电话 03-3499-5237
地址 / 东京都涩谷区神宫前 6-8-7 2F
营业时间 /11:00 ～ 20:00　周二休息
http://www.key-hair.com/index.html
在这间美发沙龙里,美发师会给出适合我的,令我由心展笑颜的发型设计建议。

店主 & 发型师

田中祐次

"根据客人的发质和生活方式来设计发型,让客人变更美!"

Q: 如何使用定型剂?

A:1
发蜡

A:2
喷雾

A:3
发油

**在手心里铺开,
从下往上抹入**

如果抹上的发蜡太多,头发会变重,黏糊糊的。用指尖沾取一些发蜡,放在手心。然后好好铺开抹匀,一直到手指缝里,再抹上头发。从下往上,像用力握住发丝一样的感觉抹上去。从脸部周围的头发一点点抓起发束,然后从发束中间往发梢涂抹。

**用具有较强定型效果的喷雾,
轻轻喷上头发**

作为造型打底而使用喷雾的时候,提起头发从下往上喷,然后用手抓揉一下。做好发型想要定型时,以想固定住的部分为主,从上往下轻喷。

**按照发量和头发长度使用适合的
发油量,从头发中间往发梢涂抹**

用洗发水洗完头发以后,用毛巾擦干水分。挤两次左右的发油量(具体的量,请根据自己的发量和头发长度进行调整)置于手心,仔细铺开抹匀。然后从头发中间向发梢用手梳开,最后把头发收拢起来再抹一次。

Q: 有推荐的护发 & 整发道具吗？

Out bath item

Shampoo & Treatment

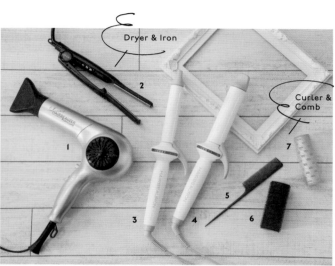

Dryer & Iron

Curler & Comb

A：从专业的推荐产品中，精选出方便使用的给大家

我会以美发师丈夫的意见为参考，选择自己实际试过之后觉得不错的东西。想要有一头易于打理的健康头发，护发产品的选择很重要。其中我最喜欢摩洛哥油系列（moroccanoil）。1. 摩洛哥油 闪亮定型喷雾 强效。2. 玫丽盼 Nigelle 系列 卷发造型喷雾（MILBON Nigelle SwingMove Veil）3. ARIMINO Peace 系列 魔方发蜡。4. AVEDA 木柄气囊梳子。5. MILBON IMMURISE Jell Stem Riser。6. 摩洛哥油 护发精油 Light 款。7. KOKOBUY the Product 发蜡。8、9. MILBON Aujua QU 洗发水、护发素。10、11. MILBON AujualM 洗发水、护发素。

1. "专业吹风机。用它来吹头发，头发光滑柔顺！使用起来手感也很好，令我爱不释手。" Lumieina hairbeauzer limited professional。2. "夹板中有细小凹槽，梳发功能可以梳顺头发流势。而且身材迷你，便于使用。" Lebel Plia SS Straight Iron 直发器。3、4. "这款卷发棒不仅不会损伤头发，据说越用发质越好，和吹风机为同一系列。" Lumieina hair iron HAIRBEAURON S-type（26.5mm）、L-type（34mm）。5. "用来分头路、倒梳头发。" 梳子。6、7. "用于卷刘海、增加头顶视觉上的发量。" 魔法卷发筒（38mm、32mm）。

akiico 最看重、最喜欢的是什么呢？
从家人、化妆到包包，akiico 的秘密大公开。

We had a good time.

1

2

3

指甲

指甲油我喜欢深红色。白色与金色的经典搭配，以及条纹、风衣加板材圆框眼镜的组合我也很中意。

5

4

家人

（图1）我和孩子爸爸6年前结的婚，现在偶尔也会像恋人一般约个会。他是一名美发师，经营着自己的美发沙龙，我很尊敬他。（图2、3）和家人去冲绳旅行。（图4）5岁的大儿子和3岁的小儿子一起过七五三节。（图5）大儿子这天第一次有了哥哥样子，牵起弟弟的手。值得纪念的日子。

化妆

我喜欢 PAUL & JOE 的化妆品。从左往右，2个粉底，遮瑕笔，腮红。自从确定要出书开始，我就经常看国外的写真集作为参考，灵感不断涌现。

外在美

素材天然，深得我意的沐浴露 FATTORIA DI BELCANTO（左）和 SABON 的身体护理油（右）。我用的第一瓶这款沐浴露，是别人送我的。后来我一直会选购它。孩子们用了它，皮肤也不会干燥了。

鞋子

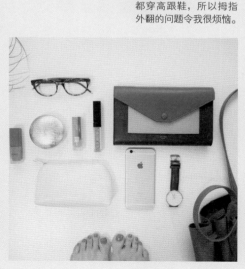

这些是我从上班时期就收集的，适合我 21.5cm 小脚穿的宝贝鞋子。PELLICO 和 FABIO RUSCONI。蓝色那双是伊势丹原创品牌。平常都穿高跟鞋，所以拇指外翻的问题令我很烦恼。

内在美

ELLE cafe 的冷榨果汁。原本是想在节食减肥时喝的，但每当我感觉皮肤和身体状态不佳时，喝了它，觉得人也有精神多了。

眼镜

这些是我最爱用的眼镜。特别是最前面 GLCO、VICTOR & ROLF、Vintage 这 3 副，想变换风格的时候，我经常会看心情换着佩戴。

包包

这是我平常用的包（CÉLLINE）里面放的东西。CÉLLINE 的可肩背钱包、iPhone6s、FURLA 的零钱包。唇膏是雅诗兰黛和 ADDICTION 的，指甲油是 THREE 的。

后 记

Let's arrange
365 days!

　　感谢你购买这本书。"不太会打理头发""自己弄发型似乎很难"，有这样想法的读者朋友们，请以这本书为契机，开始尝试挑战一下吧。如果它能帮助大家发现全新的自己，我会非常开心！

　　可以先用身边已有的物品小试一下。诀窍在于打造不做作的、原本的自我形象就行。

　　这本书得以顺利出版，离不开各位工作人员的辛苦付出。还有最重要的，一直以来家人都非常支持我……我想感谢我的丈夫、孩子和父母。

Profile

田中亚希子

WEAR、Instagram、Ameblo 官方博主。两个小男孩的妈妈。身高 145cm 的小身材，时装搭配与妆容的平衡感却打造得非常棒，受到大众瞩目，同时担任不少女性杂志的读者模特。

Staff

发型＆化妆＆造型 / 田中亚希子
摄影 / 北浦敦子（封面、P001 ～ 017、P110 ～ 111）、布施鲇美（P018 ～ 043、P052 ～ 091）、高岛佳代（P044 ～ 051、P092 ～ 107）
摄影协助 / 田中祐次（K.e.y）
插画 / 田中麻里子
设计 / 细山田光宣、藤井保奈（细山田设计事务所）
采访、撰文 / 井上菜菜子
校对 / 麦秋艺术中心
编辑 / 铃木聪子

＊ 本书中出现的服装、发饰、护发产品等，皆为作者私人物品。

图书在版编目（CIP）数据

日系时尚编发造型365/（日）田中亚希子著；陈怡萍译.——济南：山东人民出版社，2020.9
ISBN 978-7-209-13123-0

Ⅰ．①日… Ⅱ．①田… ②陈… Ⅲ．①发型－设计 Ⅳ．①TS974.21

中国版本图书馆CIP数据核字(2020)第139471号

akiico hair diary MAINICHI KAWAII HAIR ARRANGE
©AKIKO TANAKA 2016
First published in Japan in 2016 by KADOKAWA CORPORATION, Tokyo.
Simplified Chinese translation rights arranged with KADOKAWA CORPORATION, Tokyo through Shinwon Agency Co.

山东省版权局著作权合同登记号　图字：15-2017-256

日系时尚编发造型365

RIXI SHISHANG BIANFA ZAOXING 365

〔日〕田中亚希子　著

陈怡萍　译

主管单位　山东出版传媒股份有限公司
出版发行　山东人民出版社
出 版 人　胡长青
社　　址　济南市英雄山路165号
邮　　编　250002
电　　话　总编室（0531）82098914
　　　　　市场部（0531）82098027
网　　址　http://www.sd-book.com.cn
印　　装　北京图文天地制版印刷有限公司
经　　销　新华书店

规　　格　32开（210mm×148mm）
印　　张　3.5
字　　数　35千字
版　　次　2020年9月第1版
印　　次　2020年9月第1次
ISBN 978-7-209-13123-0
定　　价　35.00元
　　　　　如有印装质量问题，请与出版社总编室联系调换。